Inhaltsverzeichnis

Vorbemerkungen

Liebe Kollegin, lieber Kollege,

Lernwerkstätten haben inzwischen einen festen Platz im offenen Unterricht, ob er nun jahrgangsübergreifend oder in Jahrgangsklassen stattfindet. Das vorliegende Heft soll Ihnen eine Hilfe sein, das Thema „Zoo“ in Ihrem Unterricht als Lernwerkstatt mit einem fächerübergreifenden Lernangebot umzusetzen. Die Aufgabenstellungen sind so formuliert, dass die Kinder selbstständig arbeiten können. Die Reihenfolge der Arbeitsangebote ist beliebig. Die Sozialform kann von den Kindern selbst bestimmt werden; wenn nichts anderes angegeben ist, können die Kinder eine Aufgabe allein bearbeiten oder mit einem oder mehreren Mitschülerinnen und Mitschülern gemeinsam. Wichtig ist, dass jedes Kind sein individuelles Arbeitstempo bestimmen kann. So bietet diese Unterrichtskonzeption den Kindern Freiräume und Chancen zum selbstständigen, eigenverantwortlichen Lernen.

Das „Chefprinzip“ im Werkstattunterricht:
Für jeden Werkbereich ist ein Kind als „Chef“ verantwortlich. Es ist Berater für seine Mitschülerinnen und Mitschüler bei der Durchführung des Werkbereiches, bei Fragen und Problemen. Der Chef sichtet die fertiggestellten Arbeiten und quittiert sie auf dem Werkstattpass seiner Mitschülerinnen und Mitschüler. Um die Kinder in ihren Chefrollen nicht zu überlasten, liegen Selbstkontrollblätter aus (siehe Tipps zur Organisation).
Wenn die Anzahl der Werkbereiche mit der der Kinder nicht übereinstimmt, können auch mehrere Kinder für einen Bereich als Chef eingesetzt werden bzw. einigen Kindern zwei Bereiche übertragen werden.

Einsatzmöglichkeiten der Zoo-Werkstatt:
Die vorliegende Lernwerkstatt ist für einen Zeitraum von ca. 4 Wochen bei einer täglichen Unterrichtszeit von 1 Stunde angelegt. Maßgeblich für den benötigten Zeitraum sind jedoch die individuellen Voraussetzungen der Lerngruppe. Die Lernwerkstatt kann ab dem 2. Schuljahr eingesetzt werden.

Ich wünsche Ihnen bei der Durchführung dieser Werkstatt viel Spaß und Erfolg.

Eva-Maria Schmidt

Tipps zur Organisation der Lernwerkstatt

Anordnung der Materialien:
Alle Materialien sollen für die Kinder gut zugänglich auf Regalen, Tischen oder Fensterbänken aufgebaut werden. Es empfiehlt sich, ein Ablagefach für jeden Werkbereich einzurichten. Dieses Fach wird mit der Nummer des Werkbereiches und dem Namen des „Chefs" versehen. In jedem Ablagefach befinden sich alle Materialien, die zur Bearbeitung des Werkbereiches nötig sind (Arbeitsblätter, Kontrollblätter, Bastelmaterialien u. Ä.). Die Arbeitskarten liegen ebenfalls im Fach oder werden über dem jeweiligen Fach an die Wand, Wandtafel oder ans Fenster geheftet.

Verteilung der „Chefämter":
Bei der Zuordnung der „Chefämter" zu den Werkbereichen muss grundsätzlich überlegt werden, inwieweit die individuellen Interessen der Kinder mit ihren Leistungs-, Beratungs- und Kontrollfähigkeiten zu vereinbaren sind. Die vorliegende Lernwerkstatt ist für Kinder konzipiert, die vielfach noch über keine große Sicherheit im Lesen und Verstehen von Texten und Arbeitsanweisungen verfügen, sodass die Kinder immer wieder Hilfen anfordern werden. Es ist wünschenswert, dass der „Chef" diesen Anforderungen seiner Mitschülerinnen und Mitschüler weitestgehend gewachsen ist. Die Lehrkraft kann nun die Zuteilung unter Berücksichtigung der Leistungsfähigkeit der Schülerinnen und Schüler vornehmen, nach einer ersten Begegnung mit der Werkstatt können Sie die Entscheidung für die Verantwortung über einen Werkbereich aber auch den Kindern überlassen.

Die Stopp-Schilder:
Jeder „Chef" muss zeitweise auch ungestört arbeiten können! Wendet ein Kind sich nun einer Arbeit zu, die es konzentriert und in Ruhe bearbeiten möchte, kann es ein Stopp-Schild auf seinen Platz stellen. Dieses Schild bedeutet für alle anderen, dass das Kind in seiner „Chef"-Eigenschaft gerade nicht angesprochen werden möchte. Stopp-Schilder können Sie z. B. als Klappkarten aus Fotokarton herstellen und das Motiv des Verkehrszeichens aufkleben.

Der Werkstattpass:
Jeder Schüler bekommt einen Werkstattpass. Der Pass bietet einen Überblick über das komplette Werkstattangebot, die bereits bearbeiteten und noch offenen Werkbereiche. Nach Erledigung einer Arbeit wendet sich das Kind an den zuständigen „Chef", der diese überprüft und auf dem Pass unterschreibt.

Die Arbeitsblätter:
Die Kinder sind stolz auf ihre fertigen Arbeiten. Eine entsprechende Würdigung findet das Material, wenn jede Schülerin und jeder Schüler z. B. einen Schnellhefter für diese Arbeitsblätter anlegt. Eine andere Möglichkeit besteht darin, dass jedes Kind seine Blätter zunächst in einer Mappe sammelt und zum Abschluss der Werkstatt nach Werkbereichen ordnet und zu einem Buch („Mein Zoo-Buch") bindet.

BVK LW09 · Eva-Maria Schmidt: Lernwerkstatt „Zoo"

Tipps zur Organisation der Lernwerkstatt

Vorschläge für einige Verhaltensregeln:

- Jede Arbeit wird erst zu Ende geführt, bevor eine neue begonnen wird.
- Die Kinder entscheiden, ob eine Arbeit allein, zu zweit oder in einer Gruppe bearbeitet wird.
- Alle Materialien aus den Ablagefächern werden wieder zurückgebracht.
- Der „Chef“ soll beraten, d. h. Hinweise zur Weiterarbeit und Hilfestellungen geben, aber nicht alle Lösungen vorgeben.

Tipps zur Einführung der Zoowerkstatt:

Zunächst sollten die Kinder in einem Gespräch Vorerfahrungen, Erwartungen an das Thema, Fragen, Wünsche usw. austauschen können.
Bei einer ersten Begegnung mit der Werkstatt gehen die Kinder dann im Klassenraum herum, sehen sich alle Angebote an, kommen vielleicht miteinander ins Gespräch und machen sich auf Angebote gegenseitig aufmerksam.
Nach der Verteilung der „Chefämter“ muss sich jeder „Chef“ zunächst in seinen Bereich einarbeiten. Die Lehrkraft hat hier die Funktion, alle „Chefs“ in ihren Aufgaben zu beraten und diese mit ihnen gründlich zu besprechen, damit die „Chefs“ ihrerseits kompetente Hilfestellungen an ihre Mitschülerinnen und Mitschüler weitergeben können.

Selbstkontrollmöglichkeiten:

Es ist sinnvoll, den Kindern zu jedem Werkbereich Kontrollblätter anzubieten. Diese Kontrollblätter liegen mit im Ablagefach des jeweiligen Werkbereichs. Sie können laminiert oder durch eine Klarsichthülle geschützt werden.

Die Leseecke:

Für die Arbeit mit der Lernwerkstatt, zum Sammeln von Informationen, zum Stöbern und Schmökern ist eine Leseecke mit einer „Bücherkiste“ zum Thema empfehlenswert. Viele Kinder haben auch zu Hause Tierbücher, die sie der Klasse gerne für eine Weile zur Verfügung stellen.

Musik zum Aufräumen:

10 Minuten vor dem täglichen Ende der Arbeitszeit in der Werkstatt kann eine Musikkassette mit Tier- oder Zooliedern leise gestartet werden. Die Musik signalisiert den Kindern, dass eine Arbeit langsam beendet oder ggf. unterbrochen werden muss. Die Kinder sollen bis zum Ende der Musik auch ihre Materialien weggeräumt haben.

BVK LW09 • Eva-Maria Schmidt: Lernwerkstatt „Zoo“

Hinweise zu den Werkbereichen

Für mehrere Werkbereiche werden leere Blätter bzw. Linienblätter erforderlich. Beides kann an einem zentralen Ort in Ablagefächern bereitliegen, damit die Werkbereichsfächer nicht so überfüllt werden.
Als Kopiervorlage für Linienblätter können Sie auch das Blanko-Arbeitsblatt (S. 45) benutzen.

Zu Werkbereich 1:
Das Wörterbuch kann zunächst von allen Kindern gebastelt werden oder individuell, wenn es für andere Werkbereiche benötigt wird.
Zum Heften muss ein Tacker bereitliegen.
Das Wörterbuch soll so lange benutzt werden, bis der Grundwortschatz gesichert ist.

Zu Werkbereich 15: Textangebot zur Differenzierung
Im Zoo
Heute gehen die Kinder in den Zoo. Sie sehen dort viele Tiere. Im Wasser schwimmen und tauchen die Seehunde. Ein Pinguin frisst gerade einen Fisch. Jana schaut besonders gern den Affen zu. Sie klettern auf die Bäume.

Zu Werkbereich 21:
Da die Kinder noch kaum über geografische Kenntnisse verfügen, ist zu überlegen, den Werkbereich gemeinsam zu erarbeiten. Das Zuordnen der Tiere kann von den Kindern unter Einbeziehung der Tierkartei selbstständig erledigt werden.

Hinweise zur Tierkartei

Die Tierbilder können von den Kindern buntgemalt werden. Auf die Rückseiten der Karteikarten können entsprechende Tierfotos (z. B. Postkarten) geklebt werden. Postkarten gibt es an vielen Zookassen.
Die Karteikarten können den Kindern laminiert oder in Klarsichthüllen in einem Karteikasten zur Verfügung gestellt werden.

Werkstattpass von ____________________

	Werkbereich	Chef-Namen
1	Tierwörterbuch basteln	
2	Kennst du die Tiere?	
3	Tier-Abc	
4	Kreuzworträtsel	
5	Ordne Bilder und Texte zu	
6	Im Zoo	
7	Fell oder Federn?	
8	Besondere Körperteile der Tiere	
9	Süßigkeiten - nein danke!	
10	Rätsel	
11	Mein Lieblingstier	
12	Tiere aus Afrika	
13	Der Löwe – König der Tiere	
14	Tier-Domino	
15	Partnerdiktat	
16	Im Streichelzoo	
17	Nachwuchs im Streichelzoo	
18	Tiere in Schnee und Eis	
19	Tier-Memory	
20	Tier-Puzzle	
21	Wo die Zootiere zu Hause sind	
22	Der Zoo hat viele Tiere	
23	Tierfütterung	

ZOO

Auftragskarte zu Werkbereich 1

Tierwörterbuch basteln

Bastle dir ein Tierwörterbuch!

Schneide alle 4 Seiten sauber entlang der Linien aus.
Lege sie in der richtigen Reihenfolge aufeinander und hefte sie an der linken Seite zusammen.

BVK LW09 • Eva-Maria Schmidt: Lernwerkstatt „Zoo“

ZOO

Auftragskarte zu Werkbereich 2

Kennst du die Tiere?

Schreibe zu jedem Tier von Arbeitsblatt 1 den richtigen Namen.
Nimm dein Wörterbuch zu Hilfe!
Die Tiere sehen schöner aus, wenn du sie ausmalst.

Die Tiernamen aus dem Streichelzoo von Arbeitsblatt 2 findest du auf dem Schild. Ordne sie richtig zu.

Auftragskarte zu Werkbereich 3

Tier-Abc

Suche zu jedem Buchstaben ein Tier.
Es brauchen nicht unbedingt Zootiere zu sein.
Du kannst in Tierbüchern oder in einem Tierlexikon nachschauen.

ZOO

Auftragskarte zu Werkbereich 4

Kreuzworträtsel

Löse das Tier-Kreuzworträtsel.
Schreibe in jedes Kästchen nur einen Buchstaben.
Schreibe nur in großen Druckbuchstaben.

BVK LW09 • Eva-Maria Schmidt: Lernwerkstatt „Zoo"

ZOO

Auftragskarte zu Werkbereich 5

Ordne Bilder und Texte zu

Schneide die Bildkarten und die Textkarten aus.
Ordne sie nun richtig zu und klebe sie auf ein Blatt.
Achte darauf, an der linken Blattseite einen Rand zum Heften zu lassen.

ZOO

Auftragskarte zu Werkbereich 6

Im Zoo

Bei einem Rundgang durch den Zoo siehst du viele Tiere.

Schreibe ihre Namen zu den Zahlen auf die Linien.
Benutze dein Wörterbuch!

Der Zoo wird schöner, wenn du ihn buntmalst.

BVK LW09 • Eva-Maria Schmidt: Lernwerkstatt „Zoo"

ZOO

Auftragskarte zu Werkbereich 7

Fell oder Federn?

Viele Tiere haben ein Fell, die Vögel haben Federn.

Überlege welche Tiere du kennst, und trage sie ein.
Verschiedene Tierarten passen hier gar nicht hin.
Schreibe einige Beispiele auf die Linien.

ZOO

Auftragskarte zu Werkbereich 8

Besondere Körperteile der Tiere

Überlege, welche Körperteile zu welchem Tier gehören.
Schreibe die Wörter auf die Linien.
Wenn du dir nicht sicher bist, schaue in Tierbüchern nach.

Du kannst noch weitere Tiere beschreiben. Male diese Tiere auf ein Blatt und schreibe dazu, wie sie aussehen.

BVK LW09 · Eva-Maria Schmidt: Lernwerkstatt „Zoo"

ZOO

Auftragskarte zu Werkbereich 9

Süßigkeiten – nein danke!

Im Zoo werden die Tiere mit dem gefüttert, was sie in ihrer natürlichen Umgebung finden würden. Damit sie richtig ernährt werden, ist im Zoo auch Füttern verboten!
Weißt du, was die Zootiere von ihren Pflegern bekommen?

Wenn du dir nicht sicher bist, informiere dich in Tierbüchern.

ZOO

Auftragskarte zu Werkbereich 10

Rätsel

Einige Fragen kannst du sicherlich schnell beantworten.
Die Bildausschnitte helfen dir dabei.

Bei schwierigen Fragen kannst du die Tierkartei zu Hilfe nehmen.

BVK LW09 · Eva-Maria Schmidt: Lernwerkstatt „Zoo"

ZOO

Auftragskarte zu Werkbereich 11

Mein Lieblingstier

Male dein Lieblingstier und schreibe auf, was du darüber weißt.

Du kannst dir die Beschreibung in der Tierkartei durchlesen oder dich in einem Tierlexikon oder in einem anderen Tierbuch informieren.

ZOO

Auftragskarte zu Werkbereich 12

Tiere aus Afrika

Lies die Beschreibung der Tiere genau durch.
Erkennst du, welches Tier jeweils gemeint ist?
Male es in den Kasten und schreibe den Namen dazu auf die Linie.

Suche dir nun ein anderes Tier aus. Male es in den leeren Kasten und formuliere eine kurze Beschreibung.
Schreibe den Namen auf die Linie.

Auftragskarte zu Werkbereich 13

Der Löwe – König der Tiere

Lies den Text aufmerksam. Du sollst nun die Fragen beantworten.
Du findest alle Antworten im Text.
Schreibe den Text anschließend ab und male ein Rudel Löwen dazu.

ZOO

Auftragskarte zu Werkbereich 14

Tier-Domino

Suche dir ein oder zwei Mitspieler. Schneidet die Domino-Karten zunächst aus. Beginnt mit der **Start**-Karte. Lest die Beschreibung und legt die Karte mit dem passenden Tierbild an.
Euer Domino wird schöner, wenn ihr die Bilder buntmalt.

Schreibt nun zu jedem Tier einen Satz.
Beispiel: Der Elefant hat einen langen Rüssel.
Das Zebra hat ...

BVK LW09 · Eva-Maria Schmidt: Lernwerkstatt „Zoo"

ZOO

Auftragskarte zu Werkbereich 15

Partnerdiktat

Suche dir einen Partner. Lest die Geschichte zuerst leise. Schreibt jedes Übungswort erst mit dem Finger auf den Tisch, dann mit dem Stift auf ein Blatt.

Schreibt nun den ganzen Text ab.
Schreibt den Text schließlich mit einem anderen Kind als Partnerdiktat.

ZOO

Auftragskarte zu Werkbereich 16

Im Streichelzoo

Hier bist du zu Besuch im Streichelzoo.
Auf dem unteren Bild haben sich 10 Fehler eingeschlichen.
Findest du sie? Kreise sie auf dem unteren Bild ein.
Male das obere Bild schön bunt aus.

ZOO

Auftragskarte zu Werkbereich 17

Nachwuchs im Streichelzoo

Im Text kannst du einiges über die Jungtiere im Streichelzoo erfahren. Lies den Text zunächst aufmerksam. Markiere dann mit einem farbigen Stift, wie die Jungtiere genannt werden.
Trage die Bezeichnungen in der Einzahl in die Tabelle auf dem Arbeitsblatt ein. Wenn du noch weitere Bezeichnungen für Jungtiere kennst, darfst du sie auch in die Tabelle eintragen.
Schreibe anschließend den Text auf ein Linienblatt ab und male Bilder von den Tieren im Streichelzoo dazu.

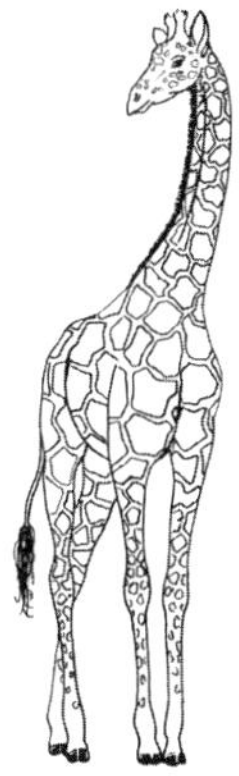

ZOO

Auftragskarte zu Werkbereich 18

Tiere in Schnee und Eis

Hast du den Text gut verstanden?
Im Suchsel findest du Wörter, die dir auch bei der Beantwortung der Fragen zum Text helfen.

Welche Tierarten kennst du noch, die in Schnee und Eis leben?
Suche in der Tierkartei oder in Tierbüchern.
Wähle eine Tierart aus und schreibe einen kleinen Text über diese Tiere und ihre Lebensgewohnheiten.

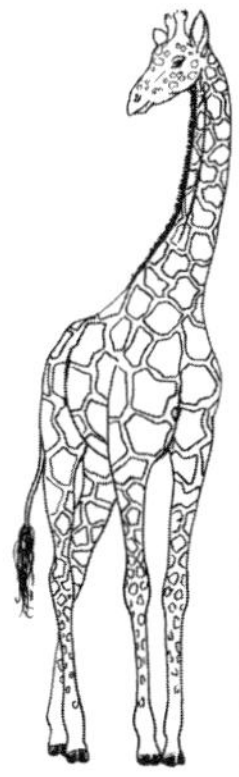

ZOO

Auftragskarte zu Werkbereich 19

Tier-Memory

Du kannst nun ein Tier-Memory basteln.
Male zunächst alle Tiere in den richtigen Farben aus.
Schneide dann genau entlang der Linien.
Suche dir einen oder mehrere Spielpartner.

Viel Spaß beim Memoryspielen!

ZOO

Auftragskarte zu Werkbereich 20

Tier-Puzzle

Hast du Lust zu puzzeln?
Schneide die einzelnen Teile entlang der Linien aus.
Lege sie dann richtig zusammen und klebe sie auf ein Blatt.

Auftragskarte zu Werkbereich 21

Wo die Zootiere zu Hause sind

Male die Weltkarte bunt. Färbe zunächst alle Meere blau.
Kennzeichne dann die Erdteile mit unterschiedlichen Farben.
Setze in die Wortfelder die Namen der Erdteile ein:

Europa – Asien – Afrika – Australien –
Antarktis – Nordamerika – Südamerika

Schneide nun die Tierbilder aus und klebe sie dorthin, wo die Tiere ihre Heimat haben.
In der Tierkartei findest du Hinweise zur Heimat der Tiere.

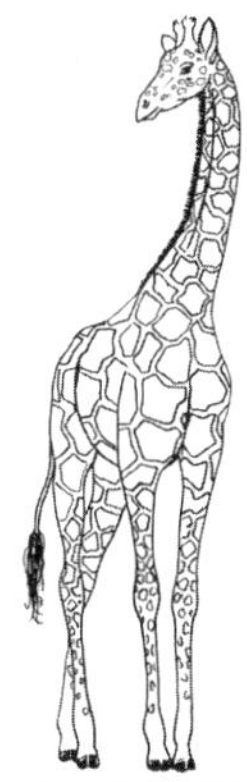

ZOO

Auftragskarte zu Werkbereich 22

Der Zoo hat viele Tiere

Hier geht es um Rechengeschichten!
Formuliere jeweils eine Frage, stelle eine Rechnung auf und beantworte deine Frage.

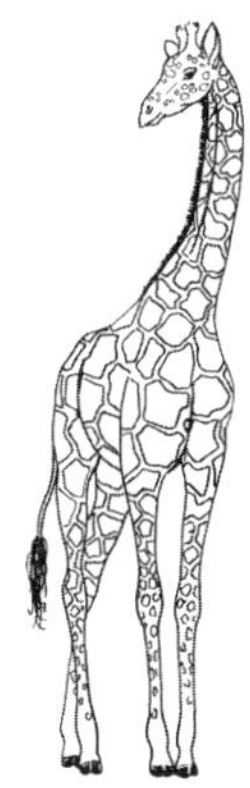

BVK LW09 • Eva-Maria Schmidt: Lernwerkstatt „Zoo“

ZOO

Auftragskarte zu Werkbereich 23

Tierfütterung

Hier sollst du ausrechnen, wie viel Futter die Tiger bekommen.
Schreibe alle Wochentage auf, damit du die Futtermenge für eine Woche leichter ausrechnen kannst.
Vergiss den Fastentag nicht!

ZOO

Auftragskarte zu Werkbereich

BVK LW09 • Eva-Maria Schmidt: Lernwerkstatt „Zoo“

Tierwörterbuch basteln

Tierwörterbuch von

____

der **Affe**

der **Braunbär**

der **Delfin**

der **Eisbär**

der **Elefant**

die **Eule**

der **Flamingo**

das **Flusspferd**

die **Giraffe**

der **Jaguar**

das **Kamel**

das **Känguru**

das **Krokodil**

das **Lama**

der **Löwe**

das **Nashorn**

der **Panda**

der **Pfau**

der **Pinguin**

die **Schildkröte**

der **Seelöwe**

der **Strauß**

der **Tiger**

das **Zebra**

Werkbereich 2

Kennst du die Tiere? (1)

Hier siehst du Tiere aus dem Zoo.
Nimm dein Wörterbuch zu Hilfe.

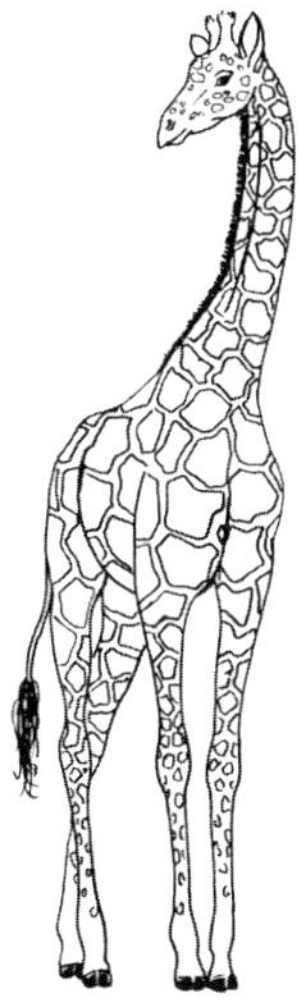

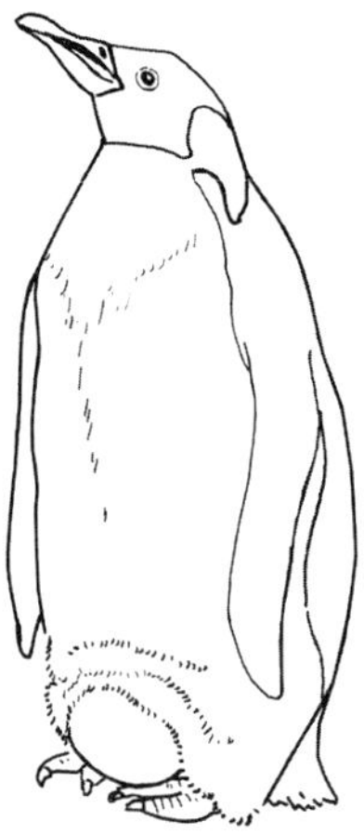

BVK LW09 · Eva-Maria Schmidt: Lernwerkstatt „Zoo"

Werkbereich 2
Kennst du die Tiere? (2)

Hier siehst du Tiere aus dem Streichelzoo.

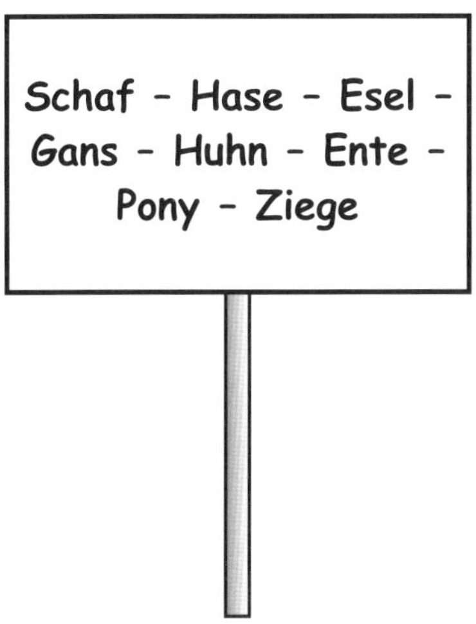

BVK LW09 • Eva-Maria Schmidt: Lernwerkstatt „Zoo“

Werkbereich 3
Tier-Abc

A ______________________________

B ______________________________

C ______________________________

D ______________________________

E ______________________________

F ______________________________

G ______________________________

H ______________________________

I ______________________________

J ______________________________

K ______________________________

L ______________________________

M ______________________________

N ______________________________

O ______________________________

P ______________________________

Q ______________________________

R ______________________________

S ______________________________

T ______________________________

U ______________________________

V ______________________________

W ______________________________

X ______________________________

Y ______________________________

Z ______________________________

BVK LW09 • Eva-Maria Schmidt: Lernwerkstatt „Zoo"

BVK LW09 • Eva-Maria Schmidt: Lernwerkstatt „Zoo"

Werkbereich 5
Ordne Bilder und Texte zu

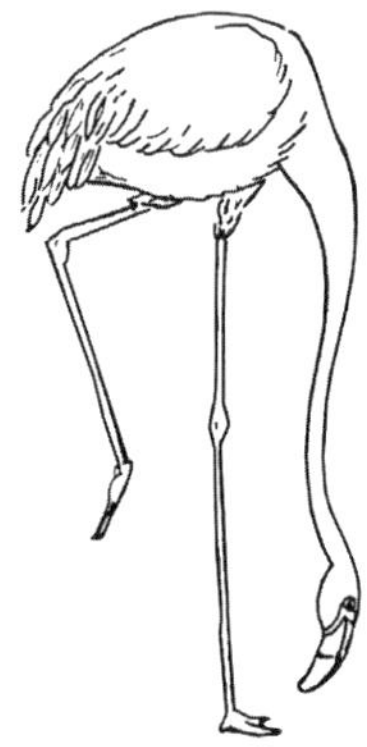

Das Tier lebt in Afrika. Es hat schwarze und weiße Streifen.

Dieser Vogel hat rosa Federn und lange Beine.

Dieses Tier ist gefährlich. Es lebt im Wasser und an Land.

Das Tier ist sehr groß. Es hat Stoßzähne und einen Rüssel.

Dieses Tier lebt auf dem Eis. Es hat ein dichtes weißes Fell und kann gut schwimmen.

Das Tier lebt in Australien. Es trägt sein Junges im Beutel.

Im Zoo

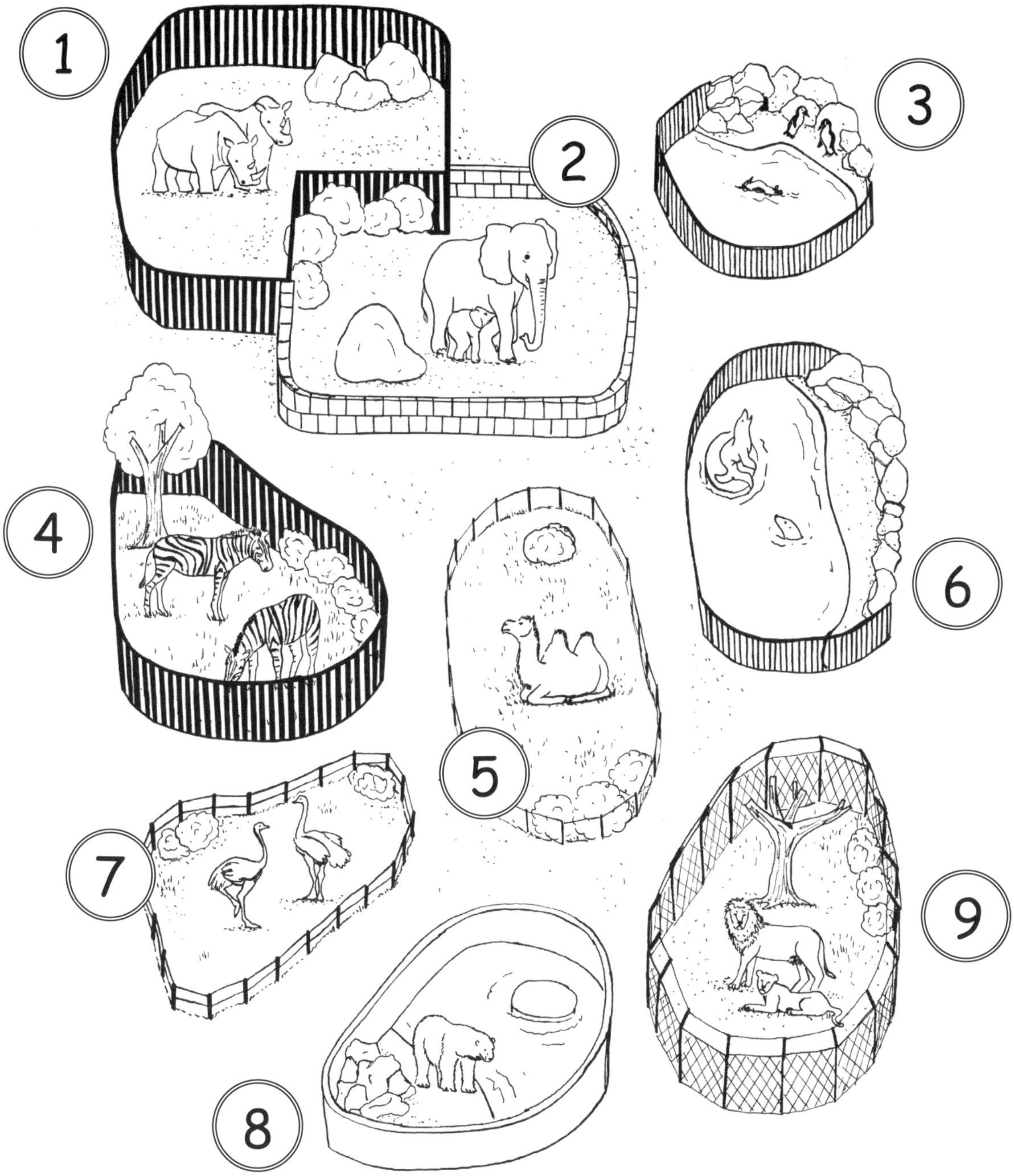

1 ____________________ 2 ____________________ 3 ____________________

4 ____________________ 5 ____________________ 6 ____________________

7 ____________________ 8 ____________________ 9 ____________________

Werkbereich 7
Fell oder Federn?

Fell	Federn

Tiere ohne Fell oder Federn:

BVK LW09 • Eva-Maria Schmidt: Lernwerkstatt „Zoo"

Werkbereich 8
Besondere Körperteile der Tiere

Überlege, welche Körperteile zu welchem Tier gehören.
Schreibe die Wörter auf die Linien.

Federn	**Rüssel**	**lange Wimpern**
Mähne	**Fell**	**graue Haut**
Höcker	**Pranke**	**scharfe Zähne**
Stoßzähne	**Schnabel**	**lange Beine**

Werkbereich 9
Süßigkeiten – nein danke!

Ordne zu. Welche Tiere erhalten welches Futter?

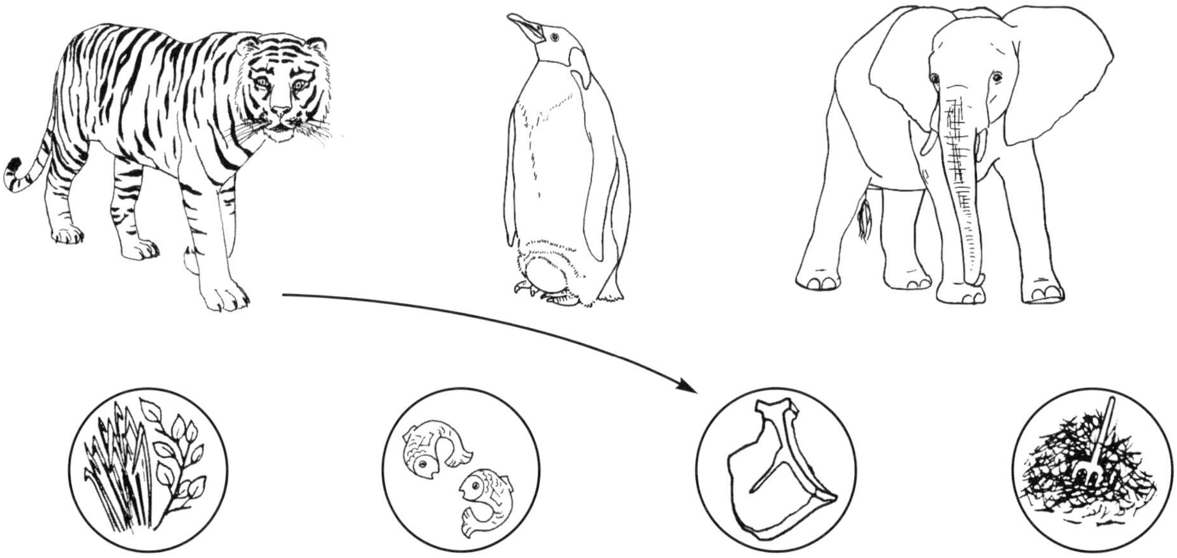

Gras und Blätter **Fische** **Fleisch** **Heu**

Der Tiger frisst Fleisch.

Der ______________________________

____

____

____

____

____

BVK LW09 • Eva-Maria Schmidt: Lernwerkstatt „Zoo“

Werkbereich 10
Rätsel

1. Welches Tier hat einen langen Rüssel? ______________________________
2. Welches Tier hat schwarz-weiße Streifen? __________________________
3. Welches Tier hat ein Horn auf seiner Nase? ________________________
4. Welches Tier trägt sein Junges im Beutel? __________________________
5. Welches Tier hat ein dichtes, weißes Fell? __________________________
6. Welches Tier hat rosa Federn? ____________________________________
7. Welches Tier hat einen langen Hals? ______________________________
8. Welches Tier mag gerne Bambus? __________________________________
9. Welcher große Vogel kann nicht fliegen? ____________________________
10. Welches Tier hat einen Panzer? ___________________________________

1
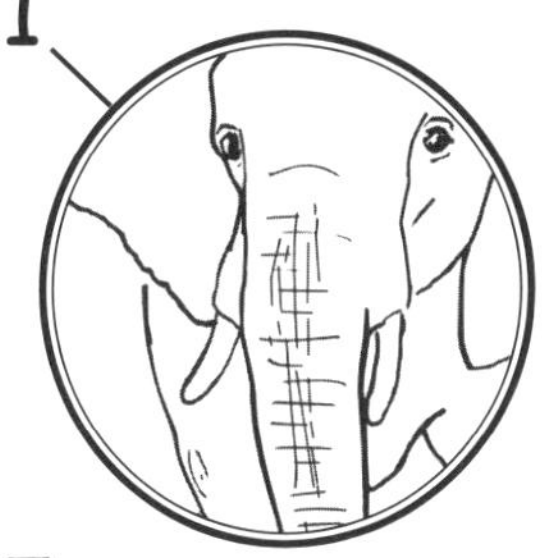
2
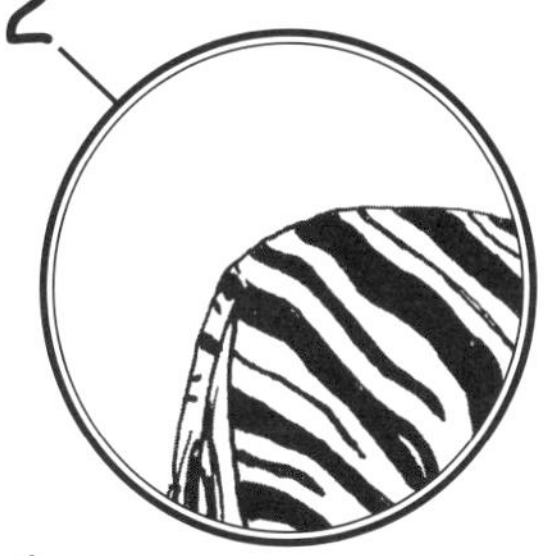
3

4
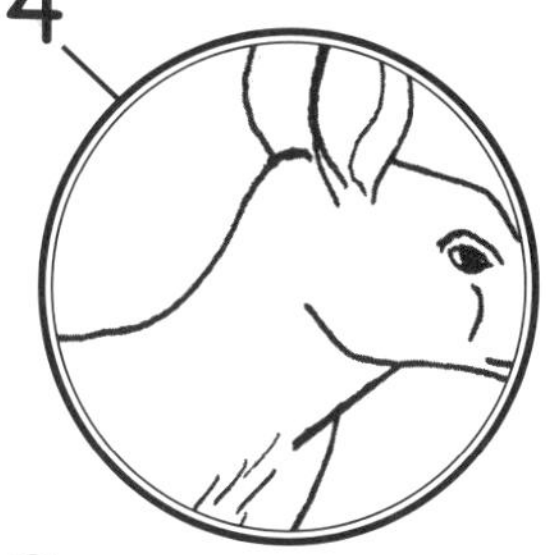
5
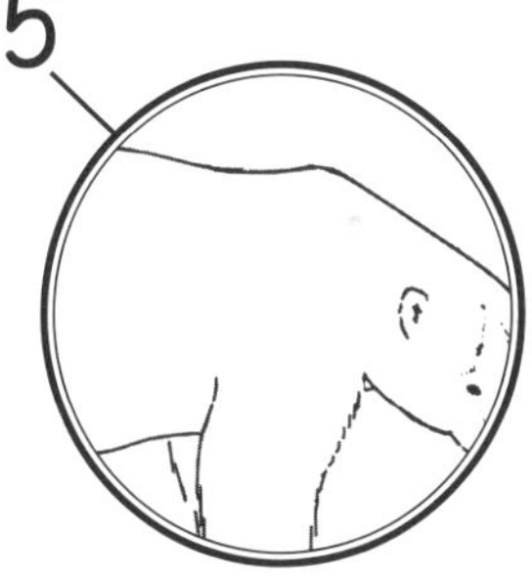
6

7
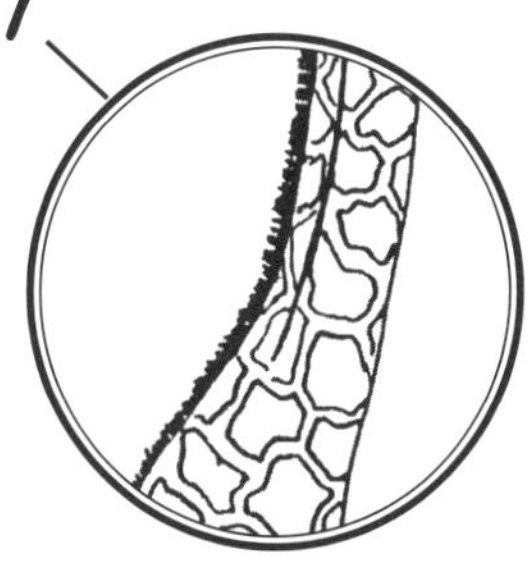
8

9

10
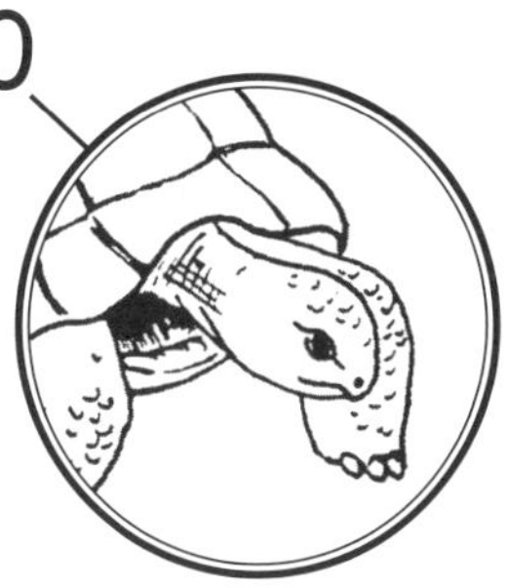

BVK LW09 • Eva-Maria Schmidt: Lernwerkstatt „Zoo"

Mein Lieblingstier

Mein Lieblingstier:

Name des Tieres: ______________________________

Das weiß ich über mein Lieblingstier:

____

____

____

____

____

____

BVK LW09 • Eva-Maria Schmidt: Lernwerkstatt „Zoo"

Tiere aus Afrika

Das Tier hat einen langen Hals. Hoch oben frisst es die Blätter von den Bäumen.

____

Dieses Tier hat einen langen Rüssel und Stoßzähne.

____

Diese Tiere liegen meistens im Rudel unter einem Baum und schlafen. Sie sind die Könige der Tiere.

____

Dieses Tier trägt ein großes Horn auf seiner Nase.

____

Dieser Vogel hat wunderschöne rosa Federn.

____

____

Werkbereich 13
Der Löwe – König der Tiere

Der Löwe wird als „König der Tiere" bezeichnet, weil er außer dem Menschen keine Feinde hat. Löwen leben in Rudeln mit bis zu 30 Tieren zusammen. Löwenmännchen kann man an ihrer Mähne erkennen. Das Löwenweibchen bekommt zwei bis drei Junge. Erst nach zwei Jahren werden die Kleinen selbstständig und können für sich selbst sorgen. Zusätzlich gehen die Weibchen alle drei bis vier Tage auf die Jagd. Die Beute wird dann im ganzen Rudel geteilt. Ansonsten schlafen Löwen sehr viel.

Kennst du dich mit Löwen aus?

1. Wie viele Löwen leben in einem Rudel zusammen?

___

___

2. Welches besondere Merkmal haben die Löwenmännchen?

___

___

3. Wie viele Junge bekommt ein Löwenweibchen?

___

___

4. Wie lange werden die Kleinen von ihrer Mutter versorgt?

___

___

5. Welche Tiere sind an der Jagd beteiligt?

___

___

6. Womit verbringen Löwen die meiste Zeit?

___

___

Werkbereich 14
Tier-Domino

Start

Dieses Tier hat einen langen Rüssel.

Dieses Tier hat schwarz-weiße Streifen.

Dieses Tier hat ein Horn auf seiner Nase.

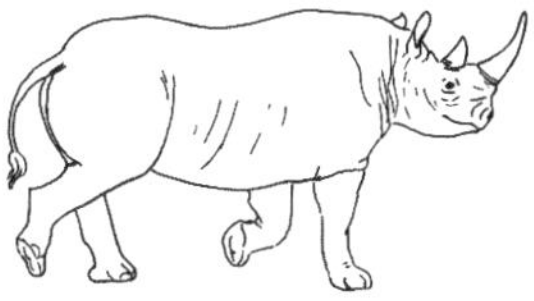

Dieses Tier trägt sein Junges im Beutel.

Dieses Tier hat ein dichtes, weißes Fell.

Dieses Tier hat rosa Federn.

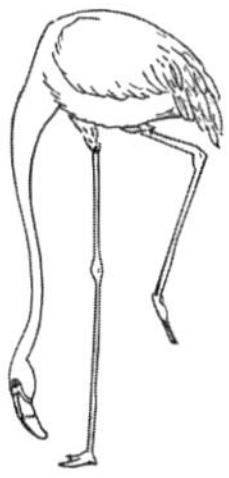

Dieses Tier hat einen langen Hals.

Dieses Tier mag Bambus.

Dieser Vogel kann nicht fliegen.

Dieses Tier hat einen Panzer.

Ende

Partnerdiktat

Übungswörter:

Besuch – Zoo – gehen – geht – sehen – viele Tiere – findet – toll

Ein Besuch im Zoo

Tim und Sina gehen in den Zoo. Sie sehen dort viele Tiere: Elefanten, Affen, Kamele, Tiger, Löwen und Kängurus.

Sina geht zu den Giraffen und zu den Zebras.

Tim findet die Seelöwen toll.

Werkbereich 16
Im Streichelzoo

Werkbereich 17
Nachwuchs im Streichelzoo

Heute Nachmittag gehen Lisa und Marius in den Streichelzoo. Hier dürfen sie die Tiere anfassen. Die meisten Tiere lassen sich gerne streicheln. Im Frühsommer ist hier besonders viel zu sehen. Viele Tiere haben Junge. Die sind richtig süß. Die Ziegen haben ihre Zicklein, die Schafe ihre Lämmer. Die Enten schwimmen mit ihren Küken über den Teich, und die Gössel laufen alle hintereinander der Gans hinterher. Lisa steht nun schon eine ganze Weile bei den Eseln und beobachtet das kleine Eselfohlen. Marius versucht, das Ponyfohlen zu locken. Es ist aber noch zu scheu und bleibt lieber bei seiner Mutter.

Tierart	**Bezeichnung des Jungtieres**
die Ziege	das Zicklein
das Schaf	

BVK LW09 · Eva-Maria Schmidt: Lernwerkstatt „Zoo"

Werkbereich 18
Tiere in Schnee und Eis

Die Heimat der Eisbären sind die Gebiete rund um den Nordpol. Gegen die eisige Kälte ist der Eisbär mit dicken Fettpolstern und einem dichten, wasserabstoßenden Fell geschützt. Er ist ein sehr guter Schwimmer und Taucher.
Eisbären werden meistens zu zweit geboren, also als Geschwisterpaar.
Im Januar bekommt die Eisbärin ihre Jungen in einer Schneehöhle.
Dort verbringen sie auch die ersten drei Monate mit ihrer Mutter. Die Kleinen ernähren sich von der Muttermilch, die Mutter aber hat schon seit dem Herbst nichts mehr gefressen. Weil sie nun einen „Bärenhunger" hat, drängt sie die Kleinen im Frühjahr aus der Höhle und nimmt sie mit auf die Jagd nach Robben. Die Jungen bleiben zwei Jahre bei ihrer Mutter.

1. Welche Tierart wird im Text beschrieben?

___

2. Wo leben diese Tiere?

___

3. Was ist dicht und wasserabstoßend?

___

4. Wo werden die Jungen geboren?

___

5. Wie viele Monate verbringen sie dort mit ihrer Mutter?

___

6. Wovon ernähren sich die Jungen?

___

7. Seit wann hat die Mutter nichts mehr gefressen?

___

8. Wann verlassen sie die Höhle?

___

9. Wovon ernährt sich die Mutter?

___

10. Wie viele Jahre bleiben die Kleinen bei ihrer Mutter?

___

Werkbereich 18
Tiere in Schnee und Eis

H	E	R	B	S	T	X	U	I	O	P	Ü	A	R
R	G	D	D	C	F	G	H	J	S	F	L	Ö	O
Y	X	Z	C	H	V	B	N	X	Q	R	X	E	B
R	J	R	Z	N	J	Y	E	M	P	Ü	Ä	L	B
M	U	T	T	E	R	M	I	L	C	H	Q	W	E
S	L	Y	R	E	T	Z	S	U	I	J	E	Z	N
X	A	Ö	D	H	F	G	B	H	X	A	K	W	L
Ä	Y	X	C	Ö	V	B	Ä	N	M	H	Ä	E	Ö
E	L	K	J	H	H	G	R	F	D	R	E	I	X
T	S	F	E	L	L	A	E	Q	W	H	T	R	Z
U	I	O	P	E	Ü	T	N	O	R	D	P	O	L

Werkbereich 19
Tier-Memory

BVK LW09 • Eva-Maria Schmidt: Lernwerkstatt „Zoo"

Werkbereich 20
Tier-Puzzle

BVK LW09 • Eva-Maria Schmidt: Lernwerkstatt „Zoo“

Werkbereich 21

Wo die Zootiere zu Hause sind

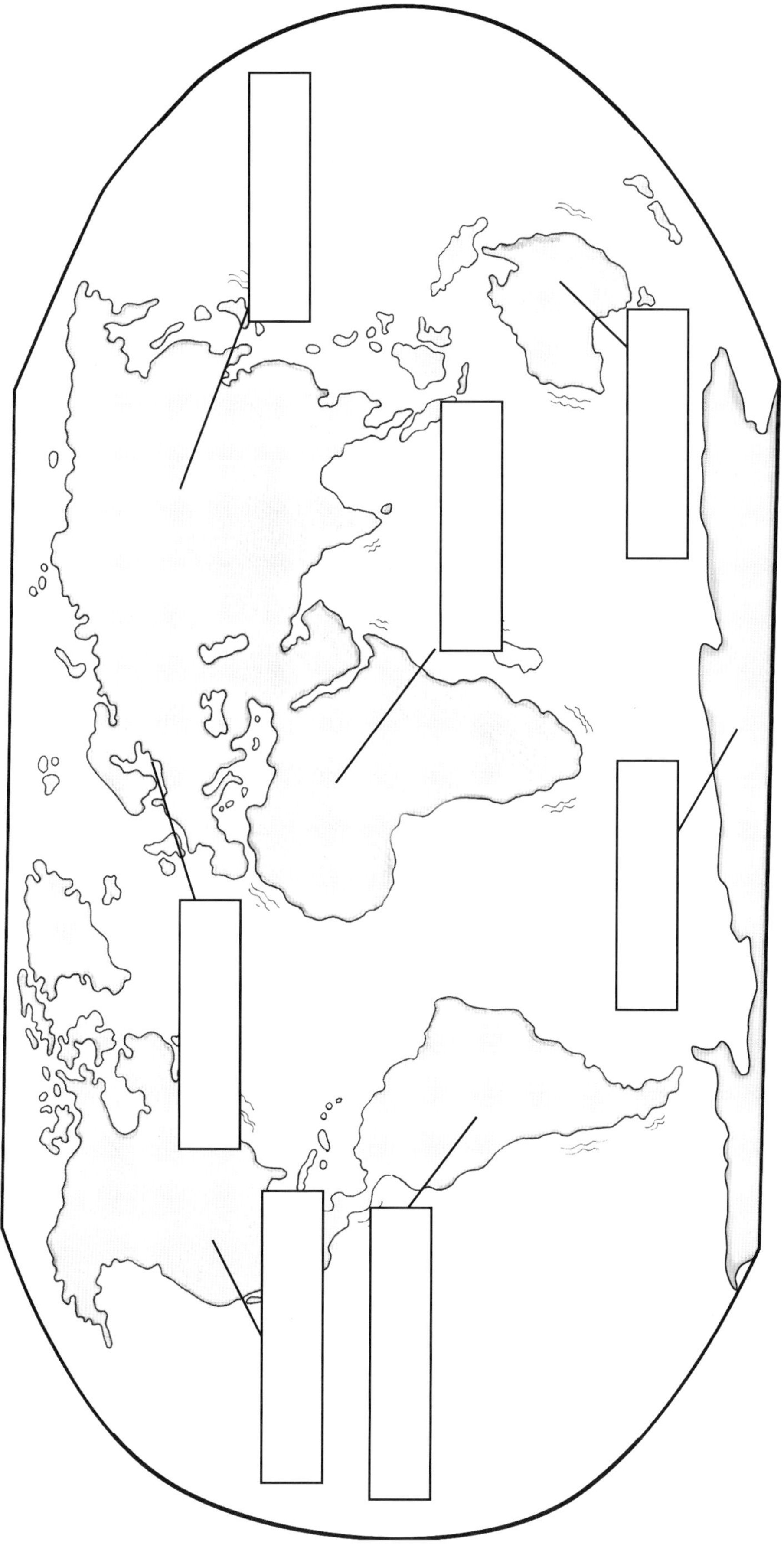

BVK LW09 · Eva-Maria Schmidt: Lernwerkstatt „Zoo"

Werkbereich 22
Der Zoo hat viele Tiere (1)

1. Auf der Afrikawiese sind 3 Giraffen, 11 Zebras und 5 Strauße.

   Frage: Wie viele Tiere sind es zusammen?

   Rechnung: 3 + 11 + 5 = ____________

   Antwort: Auf der Afrikawiese sind ____ Tiere.

2. Die Elefantenkuh Rhena ist 23 Jahre alt. Naila ist 9 Jahre älter. Wie alt ist Naila?

   Rechnung: ____

   Antwort: ____

3. Der Elefantenfütterung schauen heute 47 Kinder und 35 Erwachsene zu.

   Frage: ____

   Rechnung: ____

   Antwort: ____

BVK LW09 • Eva-Maria Schmidt: Lernwerkstatt „Zoo"

Der Zoo hat viele Tiere (2)

4a. Der Zoo hat 16 Schimpansen.

Fünf sind noch ganz klein.
Wie viele große Schimpansen leben im Zoo?

Rechnung: ______________________________

Antwort: ______________________________

4b. Sieben Schimpansen haben sich in ihren Hütten versteckt.
Wie viele Tiere können die Besucher sehen?

Rechnung: ______________________________

Antwort: ______________________________

4c. Jeder Schimpanse bekommt täglich 5 kg Früchte.

Frage: ______________________________

Rechnung: ______________________________

Antwort: ______________________________

5. Ein Elefantenbaby wiegt bei seiner Geburt ungefähr 100 kg.
Wie viel wiegst du? Wie viel mehr wiegt das Elefantenbaby?

Rechnung: ______________________________

Antwort: ______________________________

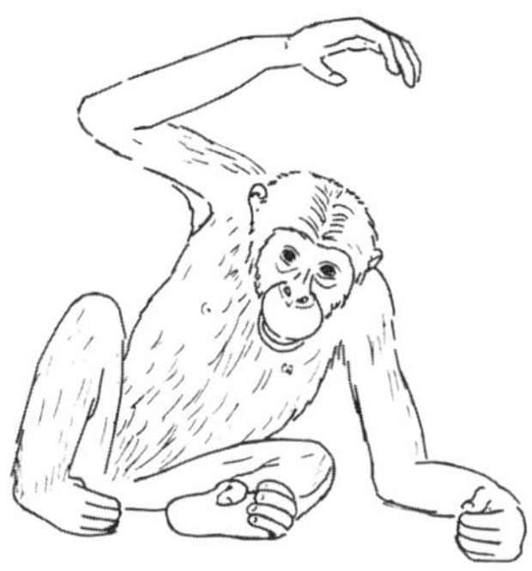

Werkbereich 23
Tierfütterung

Im Zoo werden die Tiere mit dem gefüttert, was sie in ihrer natürlichen Umgebung finden würden. Die Tierpfleger achten auch darauf, dass die Tiere die richtige Futtermenge bekommen.
Deshalb gilt für Besucher im Zoo:

FÜTTERN VERBOTEN!

Bei den Tigern
Der Zoo hat 2 Tiger. Jeder Tiger bekommt 8 kg Fleisch pro Tag.
Die Tiger machen einen Fastentag in der Woche.

Frage: Wie viel Fleisch legt der Tierpfleger täglich ins Tigergehege?

Rechnung: ______________________________

Antwort: ______________________________

Wochentage: ______________________________

____

Frage: Wie viel Fleisch frisst **ein** Tiger in einer Woche?

Rechnung: ______________________________

Antwort: ______________________________

Frage: Wie viel Fleisch bekommen die **beiden** Tiger pro Woche?

Rechnung: ______________________________

Antwort: ______________________________

Werkbereich:

Braunbär

Der Braunbär kann bis zu zwei Meter groß werden.
In Mitteleuropa ist er kaum noch zu finden. Größere Bestände leben heute in den Waldgebieten Russlands und Nordamerikas.
Im Winter hält der Bär seine Winterruhe in einer Höhle.
Während dieser Zeit werden auch die Jungen geboren.

Delfin

Der Delfin ist kein Fisch, sondern ein Säugetier.
In den Meeren der Welt gibt es mehr als 30 Delfinarten.
Es sind flinke und intelligente Tiere.
Sie leben meist in großen Familiengruppen zusammen.

Eisbär

Der Eisbär lebt am Rande des nördlichen Packeises, der Arktis. Er ist ein guter Schwimmer und Taucher.
Sein dichtes weißes Fell und seine dicke Speckschicht schützen ihn vor der eisigen Kälte.
Eisbären ernähren sich hauptsächlich von Robben.

Elefant

Elefanten leben in den Steppen Afrikas und in den Wäldern Asiens. Sie sind die größten Landtiere und leben in Herden zusammen.
Der asiatische (indische) Elefant ist etwas kleiner als seine afrikanischen Verwandten. Er hat auch wesentlich kleinere Ohren.
Wegen ihrer Stoßzähne aus Elfenbein werden Elefanten auch heute noch von Wilderern gejagt, obwohl es verboten ist.

Eule

Eulen gehören zu den Raubvögeln. Sie jagen nachts. Sie ernähren sich von Mäusen, Fröschen, kleinen Vögeln, jungen Hasen und Insekten. Zu den Eulenarten gehören z. B. die Schleiereule und die Schneeeule. Der Steinkauz ist eine kleine Eule, der Uhu ist die größte Eule Europas.

Flamingo

Der Lebensraum der Flamingos sind die Uferregionen der afrikanischen Seen.
Sie leben dort in riesigen Schwärmen zusammen.
In Europa finden wir freilebende Flamingos noch in Südfrankreich.
Weil sie mit ihren rosa Federn so schön aussehen, sind sie aber auch in fast jedem Zoo zu bewundern.

Flusspferd

Flusspferde leben an und in den afrikanischen Flüssen und Seen. Sie werden auch „Nilpferde" genannt. Die meiste Zeit des Tages verbringen sie im Wasser. Nachts kommen sie an Land und fressen Gras und Früchte.

BVK LW09 · Eva-Maria Schmidt: Lernwerkstatt „Zoo"

Giraffe

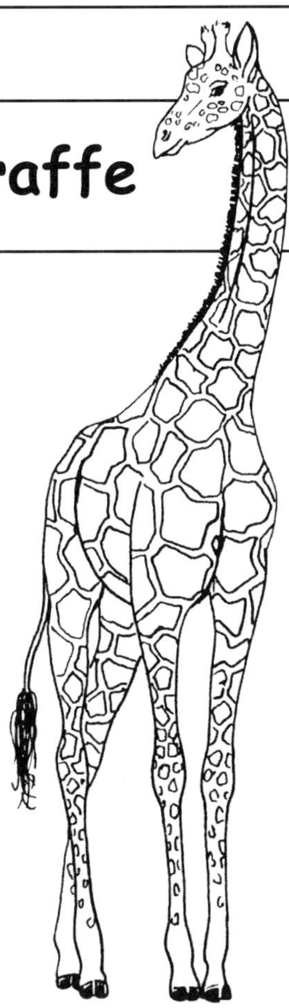

Giraffen wandern oft mit Zebras und Antilopen als Schutz in großen Herden in den Savannen Afrikas. Sie werden bis zu sechs Meter groß. Mühelos fressen sie die Blätter und Früchte der Akazienbäume ab. Doch wenn sie trinken wollen, müssen sie ihre Beine spreizen, weil ihr langer Hals kürzer ist als Körper und Beine zusammen.

Gorilla

Wegen seines Körperbaus sieht der Gorilla dem Menschen ziemlich ähnlich.
Gorillas sind die friedlichsten Menschenaffen. In den Wäldern Afrikas leben sie in Familien (Horden) zusammen.
Gorillas ernähren sich von Pflanzen und Früchten.

Jaguar

Der Jaguar ist die größte Raubkatze Südamerikas.
Er ist fast immer in der Nähe von Flüssen und Seen zu finden, denn er ist auch ein guter Schwimmer.
Der Jaguar hat ein schwarz-gelb geflecktes Fell, oder er ist ganz schwarz (Schwarzer Panter).

Kamel

Zur Familie der Kamele gehören z. B. Dromedare, Trampeltiere und Lamas.
Das Dromedar hat einen Höcker auf dem Rücken und lebt in der Wüste.
Das Trampeltier mit seinen zwei Höckern ist in Asien zu Hause.
Beide Kamelarten sind an ihren Lebensraum gut angepasst.
Sie brauchen nur wenig Futter und können tagelang ohne Wasser auskommen.

Känguru

Kängurus gehören zu den Beuteltieren und leben in Australien.
Wenn die Jungen geboren werden, sind sie winzig. Sie müssen bis in den Beutel der Mutter kriechen.
Hier saugen sie sich an einer Milchzitze fest.
Wenn sie groß genug sind, verlassen sie den Beutel.
Die meisten Kängurus sind reine Pflanzenfresser.

Krokodil

Krokodile gehören zu den Reptilien, die in tropischen Flüssen und Seen leben.
Die meiste Zeit lassen sie sich im flachen Wasser treiben und warten auf Beute, nach der sie dann blitzschnell schnappen.
Krokodile gibt es schon seit mehr als 200 Millionen Jahren auf der Erde.

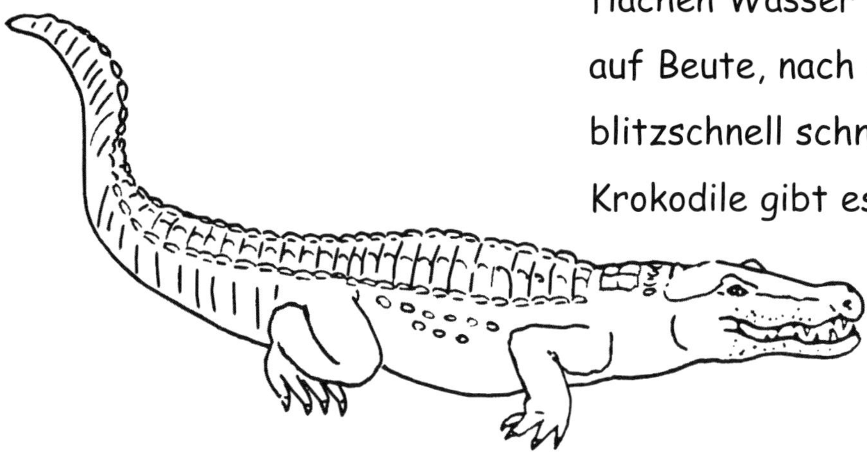

Lama

Die Heimat der Lamas ist die Bergwelt Südamerikas.
Sie werden als Nutztiere gehalten und stammen von ihren Verwandten, den wildlebenden Guanakos, ab.
Lamas gehören auch zur Familie der Kamele.

Löwe

Der Löwe wird als „König der Tiere" bezeichnet. Außer dem Menschen haben Löwen keine natürlichen Feinde. Sie leben in Rudeln im afrikanischen Gras- und Buschland. Erwachsene Löwenmännchen haben eine imposante Mähne. Die Jagd und die Aufzucht der Jungen sind Aufgaben der Löwinnen.

Nashorn

Das Nashorn lebt in den Steppen Afrikas und Asiens.
Das Panzernashorn lebt in Indien und hat nur ein Horn.
Die afrikanischen Breitmaul- und Spitzmaulnashörner haben zwei Hörner auf der Nase.
Trotz ihres großen Gewichtes können sie schnell laufen.
Sie ernähren sich von Gras, Zweigen, Wurzeln und Früchten. Das Nashorn wird auch „Rhinozeros" genannt.

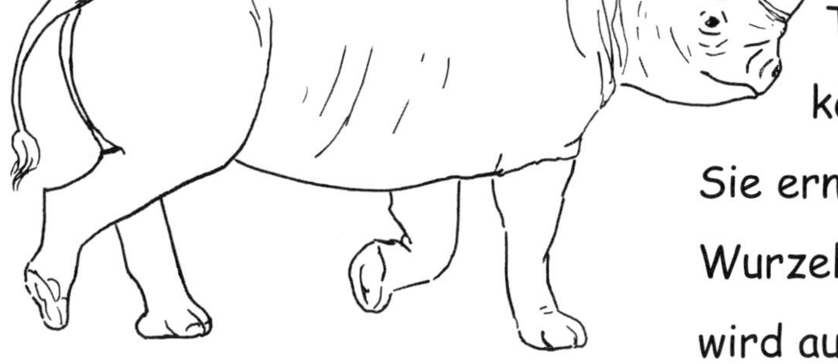

Orang-Utan

Der Orang-Utan wird so groß und so schwer wie ein erwachsener Mensch. Diese Menschenaffen leben in Familiengruppen hoch oben in den Bäumen der Urwälder Südostasiens.

Orang-Utans sind stark vom Aussterben bedroht, weil ihr Lebensraum, der tropische Regenwald, immer mehr zerstört wird.

Panda

Der große Panda, auch Bambusbär genannt, ist in den Bambuswäldern Chinas zu Hause. Er hat ein weißes Fell, schwarze Beine und Ohren und schwarze Augenringe.

Der Bambus bildet seine einzige Nahrung.

Der große Panda ist stark vom Aussterben bedroht. Es gibt nur noch etwa 1500 freilebende Tiere.

BVK LW09 • Eva-Maria Schmidt: Lernwerkstatt „Zoo“

Pfau

Das Pfau-Männchen, der Hahn, trägt besonders lange, blauschillernde Schwanzfedern, die er zu einem Rad ausbreiten kann. Das Weibchen sieht weniger imposant aus. Es hat braune Federn.

Ursprünglich lebten Pfauen nur in Asien, doch sie werden schon lange wegen ihrer Schönheit überall auf der Welt gehalten.

BVK LW09 • Eva-Maria Schmidt: Lernwerkstatt „Zoo"

Pinguin

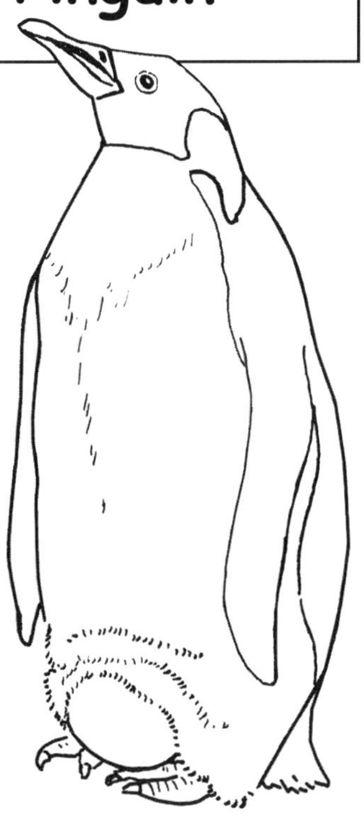

Pinguine sind flugunfähige Vögel der Antarktis. Die Kaiserpinguine sind die größten dieser Art. Oft rutschen die Pinguine auf ihrem Bauch über das Eis ins Meer. Sie sind gute Schwimmer und Taucher.

Pinguine ernähren sich von kleinen Fischen und Krebsen.

Schildkröte

Schildkröten gehören zu den Reptilien. Sie leben im warmen Klima.
Es gibt viele verschiedene Schildkrötenarten. Manche können schwimmen und leben im Meer, andere sind Sumpf- oder Landbewohner. Der weiche Körper der Schildkröte wird von einem harten Panzer geschützt.
Schildkröten können bis zu 150 Jahre alt werden.

BVK LW09 · Eva-Maria Schmidt: Lernwerkstatt „Zoo“

Schimpanse

Schimpansen sind die intelligentesten Menschenaffen und können bis zu 60 Jahre alt werden. Sie leben in den Regenwäldern Afrikas in Gruppen zusammen und ernähren sich hauptsächlich von Früchten und Blättern.
Schimpansen können sich gut untereinander verständigen: durch Laute, ihren Gesichtsausdruck, durch ihre Hand- und Körperhaltung.

Seelöwe

Der Seelöwe gehört zu den Meeressäugetieren und ist ein hervorragender Schwimmer und Taucher. Seelöwen können sich aber auch an Land auf ihren Flossen vorwärtsbewegen.

Das Männchen trägt am Hals einen „Pelzkragen", der einer Löwenmähne ähnelt. Daher hat der Seelöwe auch seinen Namen.

Strauß

Strauße sind die größten Vögel, die heute auf unserer Erde zu finden sind.

Sie leben in den Savannen Afrikas. Wegen ihres Gewichts können sie nicht fliegen, dafür können sie mit ihren kräftigen Beinen aber sehr schnell laufen.

Tiger

Der Tiger ist der größte Vertreter der Raubkatzen. Er ist in Asien zu Hause. In freier Wildbahn sind alle Tigerarten stark vom Aussterben bedroht. Durch gezielte Zuchtprogramme der Zoos übersteigt der Bestand der Tiere in der Hand des Menschen bereits die Anzahl der Tiere, die noch frei leben.

BVK LW09 • Eva-Maria Schmidt: Lernwerkstatt „Zoo"

Zebra

Zebras sind die schwarz-weiß gestreiften Pferde Afrikas. Sie leben in Familiengruppen zusammen, bestehend aus einem Hengst, mehreren Stuten und deren Fohlen. Oft schließen sich viele Familien zu großen Herden auch mit anderen Tierarten zusammen, z. B. den Antilopen. Besonders die Jungtiere sind leichte Beute für die Raubkatzen.

Weitere Anregungen zum Thema „Zoo"

Ein Besuch im Zoo:
Die meisten Zoos verstehen sich heute nicht mehr nur als „Ausstellung" möglichst vieler Tiere, sondern führen z. B. auch Forschungsprojekte und Rettungsprogramme für aussterbende Tierarten durch. Zu der Schwerpunktarbeit des jeweiligen Zoos werden häufig Führungen unter pädagogischer Leitung angeboten. Es ist zu empfehlen, sich über die konkreten Angebote zu informieren.
Ein Zoo-Besuch ist aber auch ohne Führung sinnvoll zu organisieren. Viele Kinder kennen den Zoo in ihrer Wohnumgebung von Familienausflügen. Bei dieser Freizeitunternehmung bleibt es aber in aller Regel bei einer oberflächlichen Erstbegegnung mit den Tieren. Im Rahmen eines Unterrichtsgangs können die Kinder zu genaueren Beobachtungen angeregt werden. Da jeder Zoo eine Fülle von Beobachtungsmöglichkeiten liefert, soll hier nur eine Idee exemplarisch vorgestellt werden:

Gruppenarbeit zur Erkundung einer Tierart:
Es bietet sich z. B. eine Gruppenarbeit zum Vergleich des natürlichen Lebensraumes mit dem Zoo-Gehege an. Die Arbeit umfasst ca. 2 Stunden Vorbereitungszeit in der Schule, wird während des Zoo-Besuchs fortgeführt und in einer anschließenden Unterrichtsphase in der Schule von ca. 2–3 Stunden beendet.

Zunächst werden 4 bis 5 Arbeitsgruppen gebildet; jede Gruppe entscheidet sich für eine Tierart. Es empfehlen sich Tierarten, von denen mehrere Exemplare in einem Gehege gehalten werden. Die Gruppen tragen zunächst Informationen aus der Tierkartei und aus Büchern zu „ihrer" Tierart bzgl. Lebensraum, Ernährungsgewohnheiten, Aufzucht von Jungen usw. zusammen. (Diese Arbeit kann in die Lernwerkstatt als weiterer Werkbereich aufgenommen werden!)
Die Kinder teilen sich nach einem gemeinsamen Rundgang durch den Zoo in ihre Arbeitsgruppen auf. Sie beobachten nun gruppenweise „ihre" Tierart (Aufsicht gewährleisten!) und füllen die Beobachtungsbögen aus (siehe S. 61 und 62). Informationen zu „ihrer" Tierart sollen die Kinder auch den Hinweistafeln im Zoo entnehmen.
In einer anschließenden Unterrichtsphase in der Schule bauen die Kinder gruppenweise „Wunschgehege" für „ihre" Tierart unter Einbeziehung einer kritischen Reflexion ihrer Beobachtungen. Für diese Arbeit sammeln die Kinder Materialien wie Pappkartons, Sand, Steine unterschiedlicher Größe, Äste, Korken, Blätter usw. Hier werden besonders die Fantasie und die Kreativität der Kinder angeregt.

BVK LW09 • Eva-Maria Schmidt: Lernwerkstatt „Zoo"

Weitere Anregungen zum Thema „Zoo"

Noch ein Tipp zum Zoo-Besuch:
Kinder sehen sich einzelne Tiere häufig nicht sehr genau an, z. B. hinsichtlich des Körperbaus. Lassen Sie ein Tier im Zoo vor dem Gehege nachkneten. Die Kinder schauen dann genauer hin, welche Ohren das Tier hat, wie lang seine Beine, sein Schwanz sind ... Vom Körperbau des Tieres kann je nach Unterrichtsintention z. B. auf das Jagd- und Ernährungsverhalten geschlossen werden. Das geknetete Produkt soll hier nicht im Vordergrund stehen, es ist lediglich ein hilfreiches Beobachtungsmedium.

Tierstimmen erkennen:
Erstellen Sie eine CD mit Tierstimmen (Internet, Bibliothek ...). Sie können einen weiteren Werkbereich zum Erkennen dieser Laute anbieten, indem ein Arbeitsblatt mit Namen oder Bildern der Tiere erstellt wird, versehen mit leeren Nummernkästchen. Die Kinder können die CD mit einem Discman in der Leseecke hören und die Reihenfolge der Tierstimmen nummerisch ins Arbeitsblatt eintragen.

Tiergeschichten hören und verstehen:
CDs mit Tiergeschichten sind im Handel erhältlich. Es kann z. B. eine Geschichte auf eine CD kopiert werden und ein weiterer Werkbereich mit einem Fragenkatalog zu dieser Geschichte angeboten werden. Die Geschichte kann mit einem Discman (in der Leseecke) gehört werden.

Wir beobachten Tiere im Zoo

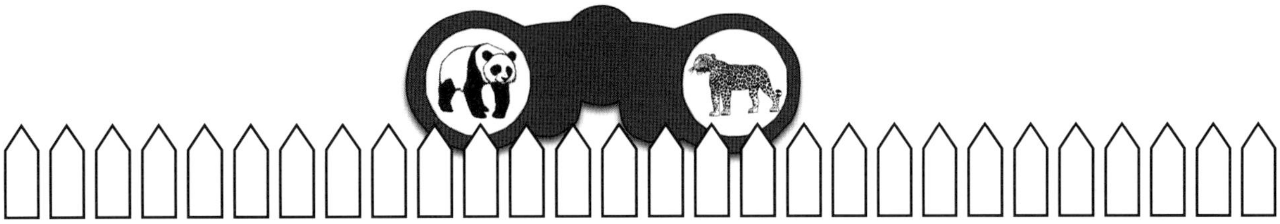

Name: ______________________________

Beobachte die Tiere und lies die Informationstafel am Gehege.
Kreuze an. (Du darfst mehrere ankreuzen.)

Ich beobachte ______________________________

1. Lebensraum:

- ◯ Land
- ◯ Wasser
- ◯ Luft
- ◯ Gebirge
- ◯ Steppe
- ◯ Savanne
- ◯ Wüste
- ◯ Eis
- ◯ Wald
- ◯ Urwald

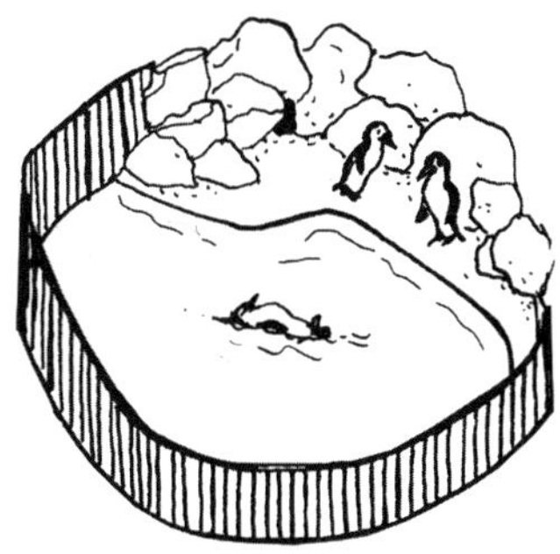

2. Ernährung:

- ◯ Fleisch
- ◯ Gras
- ◯ Früchte
- ◯ Fisch
- ◯ Blätter
- ◯ Insekten

3. Feinde:

____

____

____

____

____

Beobachtungsbogen für das Tiergehege

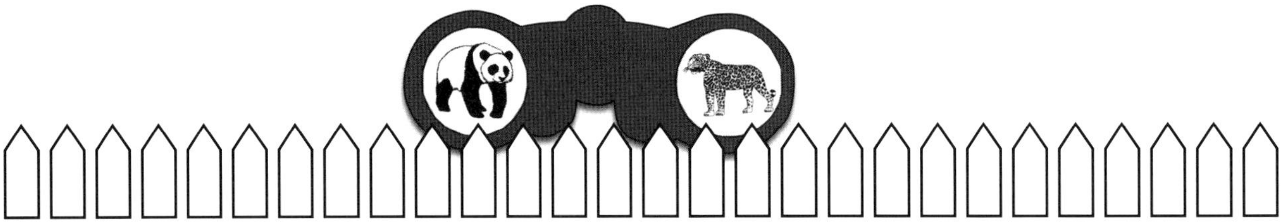

Name: ____________________________

Ich beobachte ____________________________

1. Wie viele Tiere sind im Gehege? ________________________

Lies die Fragen. Unterstreiche alle richtigen Antworten oder ergänze.

2. Was machen die Tiere gerade?

laufen	klettern	schwimmen
fressen	spielen	streiten
trinken	schlafen	________________

3. Womit ist das Gehege ausgestattet?

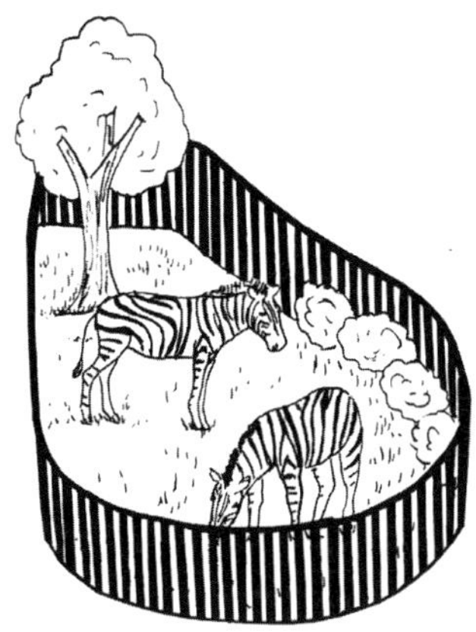

Bäume Schutzhütte / Stall

Klettervorrichtungen (Welche?) ______________

Futterstelle Tränke ________________

4. Aus welchem Material ist der Boden?

Sand	Felsen	Beton
Erde	Wasser	________________

5. Wodurch sind die Tiere von den Besuchern getrennt?

Gitter	Zaun	Graben
Mauer	Glas	________________

BVK LW09 · Eva-Maria Schmidt: Lernwerkstatt „Zoo“

Lösungen

zu Werkbereich 3: Tier-Abc

Affe, Adler, Ameisenbär
Bär, Braunbär, Biber
Chamäleon
Dachs, Dromedar, Delfin
Esel, Elefant, Elch, Eule
Faultier, Flamingo, Flusspferd
Giraffe, Gorilla, Gazelle
Hund, Hyäne, Hamster
Igel, Impala, Iltis
Jaguar
Kamel, Krokodil, Koala
Löwe, Leopard, Luchs, Lama
Marder, Maus, Murmeltier
Nandu, Nashorn, Nilpferd
Otter, Orang-Utan
Panda, Pinguin, Papagei
Qualle
Ratte, Reh, Robbe
Schlange, Seelöwe, Strauß
Tiger, Tukan, Tapir
Uhu
Vielfraß, Vogel
Wal, Walross, Waschbär
x-
Yak
Zebra, Ziege, Zobel

zu Werkbereich 7: Fell oder Federn?

alle Fische, Reptilien, Amphibien

zu Werkbereich 10: Rätsel

1. Elefant
2. Zebra
3. Nashorn
4. Känguru
5. Eisbär
6. Flamingo
7. Giraffe
8. Panda
9. Strauß
10. Schildkröte

zu Werkbereich 4: Kreuzworträtsel

		P									
		I									
		N		A	F	F	E				
		G					L				
F	L	U	S	S	P	F	E	R	D		
L		I					F			L	
A		N			Z		A			Ö	
M					E		N			W	
I					B		T	I	G	E	R
N	A	S	H	O	R	N			I		
G					A				R		
O									A		
						D	E	L	F	I	N
									F		
			S	E	E	L	Ö	W	E		

zu Werkbereich 13: Der Löwe – König der Tiere

1. Im Rudel leben bis zu 30 Tiere zusammen.
2. Die Mähne.
3. Zwei bis drei Junge.
4. Etwa zwei Jahre.
5. Nur die Weibchen gehen auf Jagd.
6. Sie schlafen viel.

zu Werkbereich 16: Im Streichelzoo

Lösungen

zu Werkbereich 17: Nachwuchs im Streichelzoo

Tierart	Bezeichnung des Jungtieres
die Ziege	das Zicklein
das Schaf	das Lamm
die Ente	das Küken
die Gans	das Gössel
der Esel	das Eselfohlen
das Pony	das Ponyfohlen

weitere Beispiele: Hund / Welpe, Schwein / Ferkel, Katze / Kätzchen, Rind (Kuh) / Kalb, Pferd / Fohlen, Wildschwein / Frischling, Reh / Kitz, Hirsch / Kalb

zu Werkbereich 18: Tiere in Schnee und Eis

H	E	R	B	S	T								R
				C						F			O
				H						R			B
				N			E			Ü			B
M	U	T	T	E	R	M	I	L	C	H			E
				E			S			J		Z	N
				H			B			A		W	
				Ö			Ä			H		E	
				H			R		D	R	E	I	
		F	E	L	L		E						
				E			N	O	R	D	P	O	L

zu Werkbereich 21: Wo die Zootiere zu Hause sind

Antarktis: Pinguin
Australien: Känguru
Afrika: Löwe
Europa: Eule
Asien: Tiger
Nordamerika: Braunbär
Südamerika: Lama

zu Werkbereich 22: Der Zoo hat viele Tiere

1. Auf der Afrikawiese sind 19 Tiere.
2. Naila ist 32 Jahre alt.
3. Der Elefantenfütterung schauen heute 82 Leute zu.
4a. 11 große Schimpansen leben im Zoo.
4b. Die Besucher können 9 Schimpansen sehen.
4c. Alle Schimpansen zusammen fressen täglich 80 kg Früchte.
5. Du musst dich wiegen und dein Gewicht von den 100 kg abziehen.

zu Werkbereich 23: Tierfütterung

Frage: Wie viel Fleisch legt der Tierpfleger täglich ins Tiergehege?
Rechnung: 2 x 8 kg = 16 kg Fleisch pro Tag
Antwort: Die Tiger bekommen 16 kg Fleisch pro Tag.

Frage: Wie viel Fleisch frisst **ein** Tiger in einer Woche?
Rechnung: 8 kg x 6 Tage = 48 kg pro Woche (Fastentag eingerechnet!)
Antwort: Jeder Tiger frisst 48 kg Fleisch in der Woche.

Frage: Wie viel Fleisch bekommen die **beiden** Tiger pro Woche?
Rechnung: 48 kg + 48 kg = 96 kg oder: 2 x 48 kg = 96 kg
Antwort: Sie bekommen 96 kg Fleisch pro Woche.

BVK LW09 · Eva-Maria Schmidt: Lernwerkstatt „Zoo"